Selektives Laserschmelzen. Betrachtung des Fertigungsverfahrens

Christoph Rother

Bibliografische Information der Deutschen Nationalbibliothek:

Die Deutsche Nationalbibliothek verzeichnet diese Publikation in der Deutschen Nationalbibliografie; detaillierte bibliografische Daten sind im Internet über http://dnb.d-nb.de abrufbar.

ISBN: 9783346372956
Dieses Buch ist auch als E-Book erhältlich.

Selektives Laserschmelzen

Selective Laser Melting

Seminararbeit

Rapid Product Development - Einführung und Grundlagen ILV

der Fachhochschule FH Campus Wien
Masterstudiengang High-Tech Manufacturing

Vorgelegt von:
Christoph Rother

Eingereicht am:
07.04.2019

Kurzfassung

Die vorliegende Seminararbeit beschäftigt sich mit einem der wichtigsten Verfahren im Bereich des Rapid Prototypings: dem selektiven Laserschmelzen. Nach einer kurzen Einleitung wird die Geschichte des SLM-Verfahrens erläutert, die von zahlreichen Patentstreiten und Firmenkooperationen geprägt ist. Aufgrund der Anzahl an verschiedenen Patenten ist das selektive Laserschmelzen heute unter vielen verschiedenen Namen in Verwendung.

Anschließend werden die Grundprinzipien des selektiven Laserschmelzens erklärt, was entscheidend ist, um den Aufbau der Anlage besser verstehen zu können. Die wichtigsten Bestandteile bilden der Bauraum, Scanner und Laser, welche detailliert beschrieben werden.

Bei der Fertigung mit dem selektiven Laserschmelzen gibt es einige Punkte, die bei der Vorbereitung der Bauteile zu beachten sind, auf welche anhand der Produktion eines Radträgers näher eingegangen wird. Ist das Bauteil gefertigt, gilt es die geforderten Eigenschaften, unter anderem Oberflächenqualität und Zugfestigkeit, herzustellen, was beim Post-Processing erfolgt.

Nachfolgend wird aufgezeigt, welche geometrischen Genauigkeiten und Bauzeiten zu erwarten sind. Entscheidend für die Fertigung ist, welche Materialien verwendet werden können und welche Eigenschaften die gefertigten Bauteile bieten. Abschließend wird auf die Vor- und Nachteile des selektiven Laserschmelzens eingegangen.

Inhaltsverzeichnis

1. Einleitung

Die Erforschung neuer Technologien ist ein Prozess, der für die Fertigung von Bauteilen einen essentiellen Bestandteil darstellt. Der Trend geht in der Additiven Fertigung immer weiter weg vom Rapid Prototyping, anstatt dessen mehr in die Richtung Rapid Manufacturing, wo die Erzeugung funktionsfähiger Bauteile und Werkzeuge im Vordergrund steht. Die Produktion mit metallischen Werkstoffen hat einen hohen Stellenwert, da Produkte und Werkzeuge aus Metall in jedem Bereich der Technik Anwendung finden. Große Herausforderungen sind hierbei die Sicherstellung einer ausreichenden und gleichbleibenden Genauigkeit, während die technologischen Eigenschaften der Materialien erhalten werden sollen.

Mit dem Bestreben immer genauer auf spezielle Anwendungsfälle einzugehen und somit komplexere Bauteilgeometrien zu schaffen, sind Verfahren von Nöten, die diese auch wirtschaftlich erzeugen können. Die Herstellung von Werkzeugen für kleine Losgrößen wäre mit herkömmlichen Produktionsverfahren zu kostenintensiv, wodurch das Rapid Prototyping in diesem Bereich immer mehr an Bedeutung gewinnt. Für Metalle stellt eines der wichtigsten Verfahren das Selektive Laserschmelzen (SLM) dar.

Bei diesem Verfahren werden Schichten aus Pulver durch den Energieeintrag eines Lasers punktuell aufgeschmolzen. Somit können Bauteile erzeugt werden, die annähernd die gleiche Dichte wie der Ausgangswerkstoff besitzen. Durch die intensiven Forschungen ist mittlerweile eine Vielzahl an unterschiedlichen Materialien verfügbar, um Bauteile mit den verschiedensten technologischen Eigenschaften zu erzeugen. Die erzielten Eigenschaften sind denen der Ausgangswerkstoffe nahezu ident, womit dieses Verfahren auch zur Fertigung von Endprodukten oder Werkzeugen für Apparate genutzt wird.

2. Geschichte des selektiven Laserschmelzens

Der Beginn des selektiven Laserschmelzens geht auf das *Fraunhofer Institut für Laser Technologie (ILT)* im Jahre 1995 zurück. Hier wurde der Ursprung des Verfahrens von einem Team, in einer Kooperation mit Dr. Dieter Schwarze und Dr. Matthias Fockele, den Gründern von *F&S Stereolithographietechnik*, entwickelt. Parallel dazu brachten die *Trumpf GmbH* ihre eigene Version des SLM-Verfahrens, basierend auf den Forschungen des *ILT*, hervor. Zu Beginn des 21. Jahrhunderts begannen *F&S* und die britische Firma *Mining and Chemical Products Ltd. (MCP)* zu kooperieren, um marktreife SLM-Geräte zu entwickeln. *MCP* gelang es somit 2006 als erste Firma Aluminium- und Titanpulver mit SLM zu verarbeiten.

Um wettbewerbsfähig zu bleiben, gingen *Trumpf* und *EOS* in 2002 einen Deal ein, in dem beide Parteien Zugriff auf die Technologien (im Bereich des SLM) des Vertragspartners bekamen.

Im Jahr 2007 bildet *MCP* die *HEK Tooling GmbH*, um die SLM Technologie voran zu treiben, welche bereits 2008 *in MTT Technologie GmbH* umbenannt wird. Im Februar 2008 ging *EOS/Trumpf* eine Patentvereinbarung mit *MTT Technologie* ein, in welcher Rechte für nicht exklusive Patente vergeben wurden. Diese wurden zur Entwicklung von *MTTs* Produkt „Realizer" eingesetzt. Kurz darauf ging *MTT* eine Partnerschaft mit 3D Systems ein, um „Realizer" in den USA zu vertreiben.

Im Mai 2008 verklagt *EOS MTT* wegen Verletzung des Patents. Dieser Streit wurde für eine unbekannte Summe in 2009 gecancelt. In 2011 spaltet sich die *MTT Technology Group*, bestehend aus *MTT Technologie GmbH (GER)*, daraufhin umbenannt in SLM-Solutions GmbH, und *MTT Technologies LTD (UK)*, welche später an Renishaw ging, auf. (vgl. (1), (2), (3), (4))

Zurzeit wird das selektive Laserschmelzen unter verschiedenen Namen betrieben. Diese sind von diversen Firmen lizensiert worden, funktionieren jedoch nach demselben Grundprinzip. Das Verfahren SLM selbst ist von SLM Solutions lizensiert worden. Deshalb wird das Verfahren in der Literatur oft auch als Laser Beam Melting (LBM) bezeichnet. Andere Namen sind DMLS (Direct Metal Laser Sintering), LaserCUSING, Laser Metal Fusion und Direct Metal Printing. Wird im Laufe der Seminararbeit das SLM-Verfahren genannt, so wird von Selektives Laserschmelzen im Allgemeinen gesprochen und nicht von dem spezifischen Verfahren von SLM-Solutions. (vgl. (3))

3. Funktionsprinzip der Bauteilgenerierung

Der Ausgangsstoff bildet beim selektiven Laserschmelzen in einem Behälter vorliegendes Pulver zur Erzeugung einer vordefinierten Form. Zu Beginn des Prozesses wird eine bestimmte Menge an Pulver auf eine Bauplattform aufgetragen. Wie in Abbildung 1 ersichtlich, geschieht dies mit Hilfe eines Rakels, der das Pulver aus einem Vorratsbehälter portioniert. Überschüssiges Pulver gelangt im Zuge dessen in einen Überlaufbehälter, welche später dem nachfolgendem Bauprozess wieder zugeführt werden kann. Nach dem erfolgten Pulverauftrag folgt die Belichtung. Dabei wird mittels einer Energiequelle, in Falle von SLM mit einer Laser-Scanner-Einheit, das Pulver punktuell bestrahlt, bis es zu einer Aufschmelzung dessen kommt. Hierbei unterscheidet sich das Verfahren vom selektiven Lasersintern (SLS), in welchem die Pulverkörner nur solange erhitzt werden, bis die Pulverpartikel an der Oberfläche aufschmelzen und es somit zu einem versintern kommt.

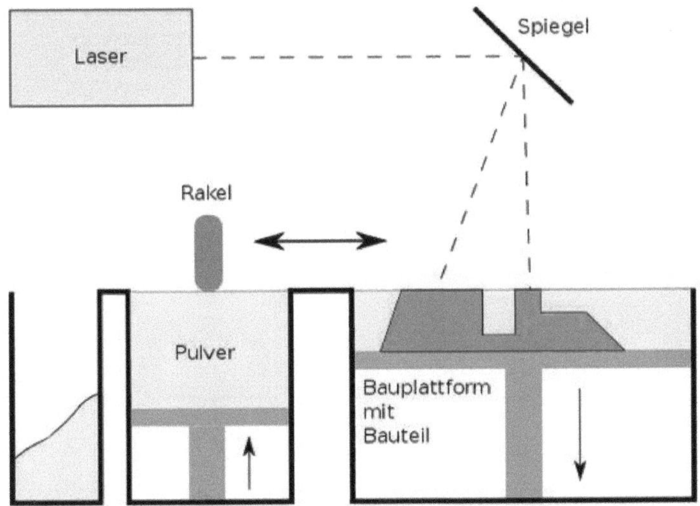

Abbildung 1: Funktionsweise des selektiven Laserschmelzens [1]

Quelle: [1]: https://netzkonstrukteur.de/fertigungstechnik/3d-druck/selektives-laserschmelzen/

In der geschmolzenen Phase verbindet sich die Schmelze stoffschlüssig mit der darunterliegenden Schicht. Mithilfe eines Systems aus Spiegeln wird der Laser auf die erforderlichen Positionen gelenkt, bis die gewünschte Kontur in der obersten Schicht abgefahren worden ist. Das Material kühlt in Folge von Wärmeleitung ab und geht somit wieder in die feste Phase über, jedoch nun formschlüssig. Die Pulverkörner, die nicht aufgeschmolzen wurden, dienen als Stützmaterial und werden nach dem Ende des Bauprozesses wieder entfernt. Es ist möglich, das Pulver zu einem gewissem Maße zu recyclen, d.h. dem Rohmaterial wieder zuzuführen.

Ist das aufgeschmolzene Material erstarrt, wird die Bauplattform um die Höhe der Schichtdicke abgesenkt, gleichzeitig wird das Pulver im Vorratsbehälter nach oben gefahren und eine weitere Schicht des Pulvers aufgetragen. Diese Schichten besitzen eine Dicke von 15 bis 500 μm (laut (3)) und sind in einem Bauteil immer gleich dick. Dieser Vorgang wird so oft wiederholt, bis die Form des Modells fertiggestellt ist. Dabei ist der Bauraum mit einem Schutzgas (Argon, Stickstoff, etc.) gefüllt, um so eine Reaktion der Schmelze bzw. der erstarrten Teile mit Sauerstoff zu verhindern.
(vgl. (4), (5))

4. Aufbau der Maschine

Im folgenden Kapitel wird der grundlegende Aufbau einer Maschine für das selektive Laserschmelzen erläutert. Grundlegend ist zu sagen, dass jede Maschine einen Bauraum und Laser mit dazugehörigem Scanner, sowie einen Vorrats- und Überlaufbehälter beinhaltet. Zur Ausstattung gehört des Weiteren oft eine Steuerplattform, die in der Anlage integriert ist, wenn die Maschine nicht von einem Rechner aus gesteuert wird. Zusätzlich können Systeme zur automatischen Pulverversorgung der Anlage oder weitere Zusatzelemente in der Maschine integriert sein. Auf diese wird hier jedoch nicht genau eingegangen, da Anlagen mit diesen Sonderbauformen darstellen.

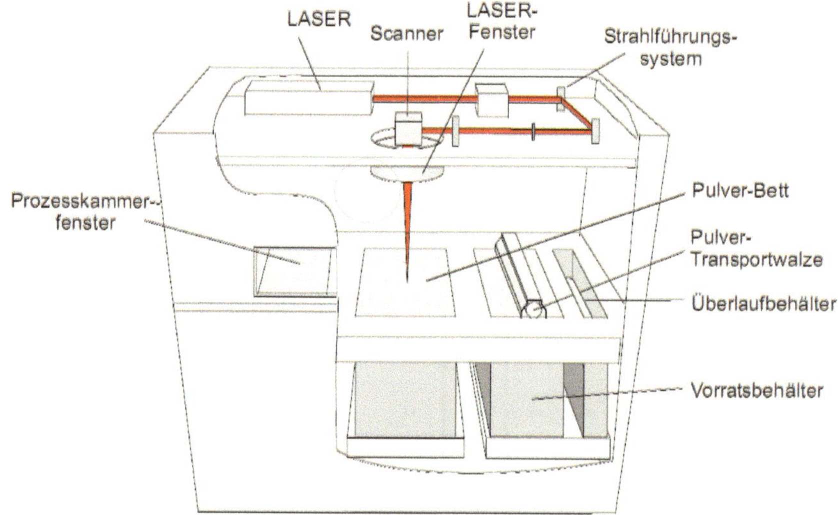

Abbildung 2: Prinzipieller Aufbau SLM-Maschine (4)

4.1. Bauraum

Den Kern der Anlage bildet die Prozesskammer, welche einen verschiebbaren Boden besitzt, der schrittweise um eine Schichtdicke abgesenkt wird. Der Bauraum wird möglichst genau auf wenige Grad unterhalb der Schmelztemperatur des Materials vorgeheizt, wodurch der Laser eine wesentlich geringere Menge an Energie zum Aufschmelzen des Materials beisteuern muss. Für ein optimales Ergebnis muss die Temperatur des Bauraums gleichmäßig in engen Toleranzen gehalten werden, da es sonst zu Verzügen kommen kann.

Um die Oxidation des Bauteils zu verhindern, wird in der Maschine Inertgasatmosphäre geschaffen. Der Anteil an Restsauerstoff variiert je nach Material und beträgt zwischen 0,1 und 3,5%.

Zur Kompensation von thermischen Spannungen ist es bei Metallen häufig notwendig Stützkonstruktionen mit einzuplanen. Diese leiten die Wärme in die Bauplattform ab und dienen so der Kompensation von Spannungen. Bei Kunststoffpulver werden solche Stützkonstruktionen nur nach Bedarf geschaffen, da die Temperaturgradienten nicht so groß sind und das nicht verschmolzene Pulver ein Absinken des Bauteils verhindert. Der Verzug kann zusätzlich dadurch vermindert werden, indem zu Beginn bei halber Energiezufuhr und doppelter Belichtungsdauer gearbeitet wird. Innerhalb von einigen Schichten werden diese bis zur Erreichung der optimalen Prozessparameter gesteigert. (vgl. (4))

4.2. Scanner

Um ein Bauteil zu generieren wird die Kontur jeder Schicht als geometrische Schichtinformation von dem Laser in der x-y-Ebene abgetastet, wodurch an diesen Punkten das Pulver schmilzt und formschlüssig erstarrt. Dieser Vorgang wiederholt sich nach einer Verschiebung der Bauplattform um die Schichtdicke in der z-Richtung so oft, bis alle Schichten gefertigt sind.

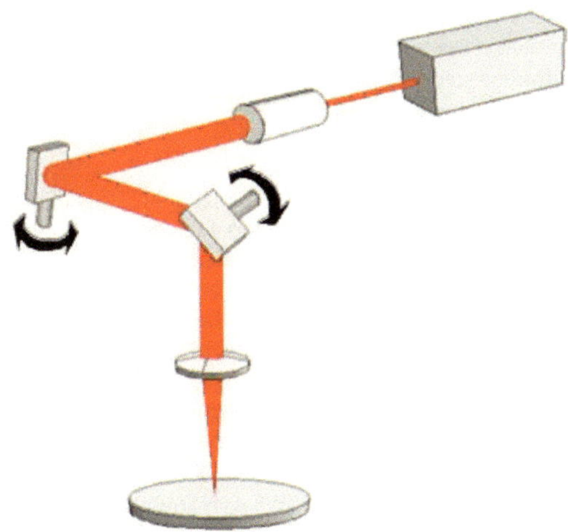

Abbildung 3: Prinzipieller Aufbau des Scanners (4)

Zur Positionierung des Laserstrahls wird ein Scanner, ein programmierbares Ablenksystem, verwendet. Dieses besteht, wie in Abbildung 3 ersichtlich, im Wesentlichen aus zwei beweglichen Spiegeln, einem Teleskop und einer F-Theta-Linse. Das Teleskop weitet den Laserstrahl zu einem parallelen Strahlenbündel. Die Spiegel sind per Motorantrieb drehbar und orthogonal zueinander ausgerichtet. Somit kann der Laser jeden Punkt der Bauebene erreichen. Die Reflektoren bestehen aus monokristallinem Silizium und einer Beschichtung, die möglichst wenig Absorptionsverluste für den jeweiligen Laser aufweist. Zur Bündelung des Laserstrahls wird eine F-Theta-Linse genutzt, welche in der Lage ist, den Brennpunkt unabhängig von der Ablenkung auf einer Ebene zu fokussieren. Damit trifft der Laserstrahl auf jedem Punkt mit gleicher Intensität ein. (vgl. (4))

4.3. Laser

Der Laser bildet das Kernstück zu Erzeugung der Schichten des Bauteils. Die meisten SLM-Maschinen arbeiten mit gepulsten Lasern, da diese eine höhere Spitzenleistung aufbringen können. Bei vielen Anlagen werden zusätzlich mehrere Laser eingesetzt, um so die Produktivität zu steigern. Durch Verwendung der hochpräzisen Scanner kann die Energie mit sehr hoher Positionier-, Bahn- und Wiederholgenauigkeit eingebracht werden. Je nach Material sind unterschiedliche Laser im Einsatz. CO_2- Laser, welche eine Wellenlänge von ca. 10600 nm besitzen, werden vor allem für das Schmelzen von Kunststoffen eingesetzt. Der Großteil der Maschinen operiert mit diodengepumpten Faserlasern mit einem Strahldurchmesser von 20 bis 50 µm, welcher schnell mit regelbaren optischen Elementen variiert werden kann.

So werden die Ränder des Bauteils mit kleineren Lichtradien und gedrosselter Leistung geschmolzen, hingegen für das Füllen der Flächen größere Strahldurchmesser mit höherer Leistung genutzt. Tendenziell gilt: je höher die Leistung des Lasers desto größer ist Rauigkeit des Bauteils. Dies beruht darauf, dass bei zu großem Energieeintrag benachbarte Körner angeschmolzen und an der Schmelze anhaften können. Hier kann der Einsatz von mehreren Lasern optimal genutzt werden. Diese segmentierte Belichtung nimmt gezielt Einfluss auf Außenkanten, Überhänge und hochdichte Bauteile. Somit kann die Qualität und gleichzeitig die Aufbaugeschwindigkeiten erhöht werden.

Bei der Laserführung wird beim selektiven Laserschmelzen auf 2 verschiedene Verfahren zurückgegriffen:

4.3.1. Das Vektorverfahren

Eines dieser Verfahren ist das Vektorverfahren. Wie in Abbildung 4 (a) ersichtlich, werden die einzelnen Konturelemente der Bauteilkontur von der Maschinensoftware in die geometrischen Grundelemente wie Geraden, Kreisbögen etc. kontinuierlich zerlegt. Je nach Formatierung wird hier eine Kreiskontur als Polygonzug (bei STL-Files) oder als kontinuierlicher Kreis (bei SLC-Files) abgebildet. Der Scanner durchläuft die Kontur in der berechneten Reihenfolge, um so den Laser auf die gewünschten Positionen zu lenken. Im Falle der Kontur aus Abbildung 4 (a) tastet der Laserstrahl den Pfad der grauen Pfeile ab. Dabei kann, um Stufen zu vermeiden, der Laser um eine halbe Laserbreite versetzt zweimal über die Kontur geführt werden, wodurch die Laserbreite kompensiert wird. Dabei entsteht eine sehr genaue Kontur, die in der Erstellung längere Zeiten benötigt. (vgl. (4))

4.3.2. Das Rasterverfahren

Im Gegensatz zum Vektorverfahren, wird beim Rasterverfahren die Kontur Zeile für Zeile generiert. Hierbei wird, wie in Abbildung 4 (b) zu sehen ist, die Kontur ähnlich wie bei einem Röhrenfernseher generiert. Es werden nur die Punkte belichtet, die für das Bauteil relevant sind. Beim Einsatz entsteht ein Treppenstufeneffekt in der x-y-Ebene, ähnlich dem, der auch in z-Richtung entsteht. Dies hat größere Auswirkungen auf nicht rechtwinklige Außenkonturen (z.B.: Kreisbögen), als auf gerade Linien. Die Höhe dieser Stufen wird durch die Breite des Lasers bestimmt, wobei sich diese nicht durch eine Strahlweitenkompensation, wie beim Vektorverfahren, kompensieren lässt. Abhilfe schafft die Wahl eines geringeren Strahldurchmessers, wodurch die Bauzeit erhöht wird. Alternativ kann das Raster des Lasers mit jeder Schicht um den Normalvektor rotieren, um die Stufenbildung zu minimieren. Diese Möglichkeit nutzen die Maschinen von z.B.: 3D-Systems aus, um die Auflösung der Bauteile zu erhöhen. Vorteil gegenüber des Vektorverfahrens stellt die Schnelligkeit dar, da eine Schichtbildung dieser Art der Laserführung nicht von der Komplexität der Bauteile abhängig ist. (vgl. (4))

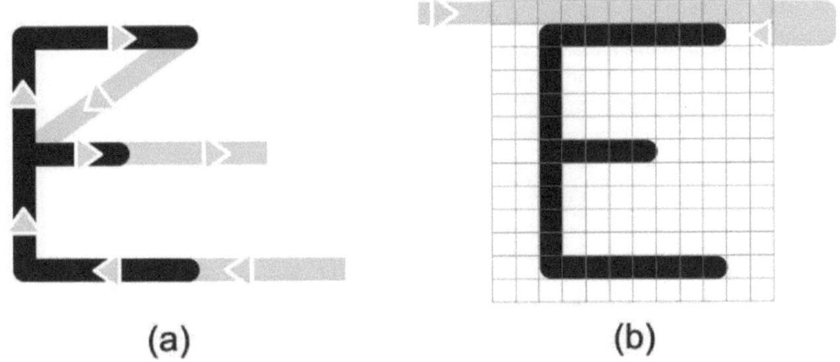

(a)   (b)

Abbildung 4: (a) Vektor- und (b) Rasterverfahren (4)

4.4. Weiter Bestandteile der Maschine

Die zuvor beschriebenen Bauteile sind Bestandteil einer jeder Anlage, die nach dem Prinzip des selektiven Laserschmelzens arbeitet. Höchstmoderne Anlagen, die sich zur Serienfertigung großer Bauteile eignen, werden in Zukunft unter anderem folgende Features liefern können (vgl. (6)):

- Flutung des Prozessraums mit Inertgas (Stickstoff, Argon, etc.) oder Vakuumieren
  - Dies ist vor allem beim Arbeiten mit oxidierenden Substanzen, wie den meisten Metallen, notwendig und ist bei vielen Anlagen bereits integriert.
- Automatisierte Siebmaschine, um größere Partikel zu separieren
- Überwachung der Soll- und Ist-Werte von Temperatur und Laserleistung
- Vollautomatische Auspackung der Druckteile, mit inerter Pulverentfernung und -rückführung
- Paralleles Handling mehrerer Bauzylinder für optimale Prozessführung
- Etc.

Abbildung 5: SLM 800- Anlage zur Serienfertigung großer Bauteile (6)

Dieses Beispiel dient lediglich der Veranschaulichung, welche Möglichkeiten im Bereich des Rapid Manufacturing in Zukunft denkbar sein werd. Bis auf die Gaszufuhr sind diese Features bei weitem noch keine Standardzusätze und werden nur für größere Betriebe relevant sein. Solche Geräte werden jedoch wichtige Schritte in der Weiterentwicklung des Rapid Manufacturings setzen, da von diesen Anlagen eine nahtlose Prozessführung, Automatisierung und optimale Auslastung gefordert wird.

5. Vorbereitung des Bauteils

Um das selektive Laserschmelzen optimal ausnutzen zu können, reicht es nicht einfach ein CAD-File zu konstruieren und dies an die Maschine zu senden. Es ist notwendig sich Überlegungen zu verschiedenen Punkten, wie Positionierung des Bauteils, Stützkonstruktionen und Topologieoptimierung zu machen. Im folgenden Kapitel wird, unter anderem, anhand des Radträgers in Abbildung 6 die Vorbereitung des Produktes für die Fertigung mit SLM erläutert.

Abbildung 6: SLM gefertigter Radträger (7)

5.1. Konstruktive Maßnahmen

Durch das Verfahren des Laserschmelzens ist es möglich, metallische Bauteile so zu konstruieren, dass auftretende Belastungen nahezu direkt in das Bauteil ein- und weitergeleitet werden, wodurch auf entbehrliches Material verzichtet werden kann. Zusammen mit der Verwendung von Leichtbauwerkstoffen können so Produkte erzeugt werden, die, im Vergleich zu dem Vorgänger, teilweise bessere Eigenschaften bei reduziertem Gewicht bieten. Jedoch ist zu beachten, dass bei den Materialien durch das Abkühlen, je nach Werkstoff, ein gewisser Schwund entsteht, der beim Konstruieren mit einberechnet werden muss.

5.1.1. Topologieoptimierung

Der gewichtsoptimierte Radträger soll den zahlreichen Belastungen, die im Straßenverkehr auftreten können, mühelos standhalten. Zudem soll der additiv gefertigte Radträger, bei gleichzeitiger Reduktion des Bauteilgewichts, mindestens die gleiche Festigkeit aufweisen. In Abbildung 7 ist der typische Verlauf der Topologieoptimierung dargestellt. Um das Design des optimierten Bauteils zu ermitteln, wird zunächst mit dem Vorgängermodell (a) eine Belastungsanalyse für die wichtigsten Lastenfälle durchgeführt (im Falle des Radträgers z.B.: das Bremsen, die extreme Neigung in Kurven, die Hindernisbewältigung, etc.). Dazu werden verschiedenste Programme genutzt, die an dem 3D-Modell die belasteten Bereiche anzeigen (b). Nach der Optimierung entsteht ein Modell, das ein neues Design mit verringertem Gewicht und/oder verbesserten technologischen Eigenschaften aufweist (c). An diesem Modell werden die Kanten geglättet, notwendige Strukturen hinzugefügt und weitere Optimierungen durchgeführt (d). Das fertige Modell wird für den Fertigungsprozess vorbereitet und schlussendlich gefertigt (e).

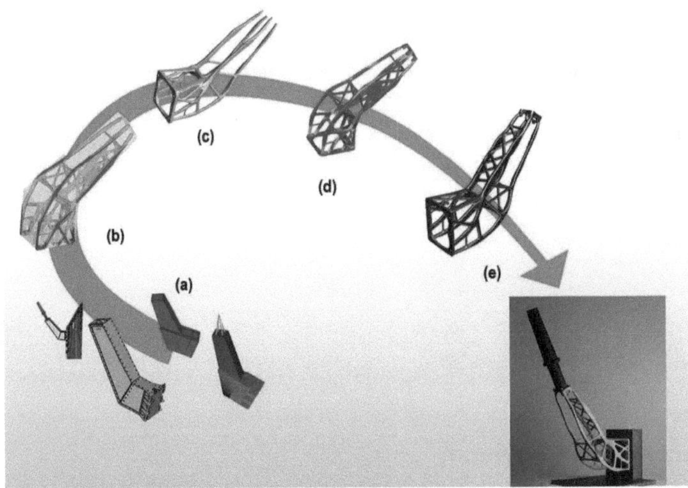

Abbildung 7: Verlauf Topologieoptimierung [2]

5.1.2. Fertigungsgerechte Konstruktion

Die Additive Fertigung bietet nahezu absolute Designfreiheit, jedoch gelten auch hier verschiedene Richtlinien, welche die Produktqualität erhöhen und die Produktionskosten minimieren. Da die Fertigung metallischer Bauteile eine Nachbearbeitung erfordert, können konstruktive Maßnahmen gesetzt werden, um diese zu erleichtern. So sollen die Supportstrukturen gut zugänglich sein, da diese im Anschluss abgetrennt und die Flächen gefräst oder anderweitig entfernt werden müssen, um die gewünschte Oberflächenqualität zu erreichen. Durch ein Absetzen der zu bearbeiteten Anbindungsflächen kann des Weiteren eine Beschädigung des Bauteils bei der Nachbearbeitung verhindert werden.

Durch Schaffung von Hohlräumen, dünnen Strukturen und Hinterschnitten an nicht belasteten Stellen kann das Gewicht des Produkts weiter reduziert werden. Dabei muss bei der Konstruktion von Hohlräumen darauf geachtet werden, dass ein Kanal geschaffen wird, wo das überschüssige Pulver herausrieseln kann.

5.1.2.1. Stützkonstruktionen am Bauteil

Da das erstarrte Material ein hohes Gewicht aufweist, ist es notwendig ausreichend Stützkonstruktionen vorzusehen. Diese verhindern ein Absinken des Produktes im Bauraum und bieten des Weiteren eine weitaus bessere Wärmeleitfähigkeit als das umliegende Pulver. Somit kann ein Verzug aufgrund von Wärmespannungen vermindert werden. Diese Stützstrukturen sind mit der Bauplattform verbunden und bieten dort Halt, wo das Bauteil nicht über ausreichend festen Baugrund verfügt.

In Abbildung 8 ist ersichtlich, wie solche Stützstrukturen aufgebaut sind. Sie müssen möglichst guten Support, bei minimaler Belichtungszeit, liefern, weshalb fachwerkartige Strukturen erzeugt werden. Es ist darauf zu achten, dass diese Stützen und dazugehörigen Belichtungsstrategien individuell an jedes Bauteil angepasst werden. Bei einer falschen Auslegung derer ist ein Verzug des Bauteils möglich. Es besteht die Möglichkeit mithilfe von Programmen diese Stützstrukturen automatisch zu generieren. Hierbei ist es wichtig, dass die Ergebnisse kontrolliert und nicht nur übernommen werden, um Fehler zu vermeiden.

Abbildung 8: Struktur der Stützstrukturen

5.2. Positionierung im Bauraum

Die Bauteillage spielt für die Fertigung mit SLM-Verfahren eine große Rolle. Die Lage im Bauraum hat Einfluss auf die Abbildungsgenauigkeit, Anbindungsflächen der Stützstrukturen und in weiterer Folge auch auf die Bauzeit, welche, unter anderem, von der Größe der Belichtungsfläche abhängig ist. Wird die Belichtungsfläche möglichst gering gehalten, vermindert sich zudem die Wahrscheinlichkeit auf eigenspannungsbedingten

Verzug. Die Lage ist von Bauteil zu Bauteil unterschiedlich und sollte sorgfältig durchdacht werden, da dies maßgeblich entscheidend für die Qualität des Produktes sein kann.

Um die Belichtungsfläche zu minimieren wurde der Radträger, wie in Abbildung 9 ersichtlich, in einem Anstellwinkel von 45° gefertigt. Es ist möglich, mehrere Bauteil in einem gewissen Abstand zueinander im Bauraum zu platzieren, wenn es die Bauraum- und Bauteilgröße erlaubt. Das hat zudem eine gleichmäßigerer Temperaturverteilung in dem Bauraum zur Folge, wodurch die Maßhaltigkeit erhöht werden kann. (vgl. (7))

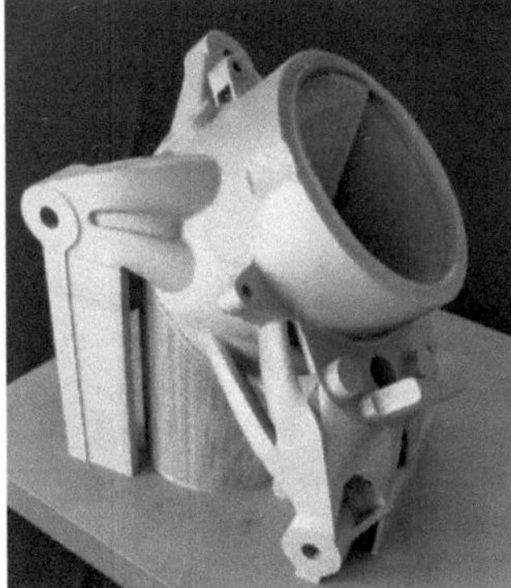

Abbildung 9: fertiger Radträger (7)

6. Nachbereitung des Bauteils

Die Nachbearbeitung von additiv gefertigten Teilen stellt oft einen immensen Kosten- und Zeitaufwand dar. Die Bauteile, die aus der Laserschmelzanlage kommen sind nämlich nicht gleich einsatzbereit. Ist der Bauprozess abgeschlossen, ist das Produkt zunächst von einem Pulverkuchen umgeben, der relativ schlecht Wärme leitet. Es ist wichtig, dass das Bauteil auch nach der letzten Schicht noch mit einigen Zentimetern Pulvern bedeckt wird, um ein gleichmäßiges Auskühlen zu gewährleisten. Nach erfolgter Abkühlung kann das Bauteil entfernt und sorgfältig ausgepackt werden. Die restlichen Pulverkörner werden mit Luftdruck beseitigt, wohingegen leicht angeschmolzene Bereiche mit etwas größerem Aufwand und Werkzeugen entfernt werden können.

Zunächst müssen die Stützstrukturen des Bauteils entfernt werden, was durch Abfräsen bzw. Abdrehen geschehen kann. Eine Alternative dazu bildet, nach Entfernung der gröbsten Struktur, die Entfernung der Reste mit Schleifmittel. Ein optimales Finish kann zudem mit elektrochemischen oder plasmagestützten Verfahren erzeugt werden.

6.1. Behandlung der Oberfläche

Ein Nachteil des SLM-Verfahrens ist die charakteristisch hohe Rauigkeit der erzeugten Bauteile (Ra ≥ 5 µm). Diese Rauigkeit ist prozessbedingt und von der Partikelgröße des Pulvers abhängig. Daher ist für viele Bauteile eine Nachbehandlung der Oberfläche mit entsprechenden Nachbearbeitungsverfahren notwendig, um die Anforderungen an die Rauheit zu erfüllen. Dazu können Verfahren wie Strahlen- oder Gleitschleifen genutzt werden.

6.1.1. Strahlschleifen

Beim Strahlschleifen wird Druckluft mit Unterstützung von Strahlmitteln, wie Sand oder Aluminiumoxid, unter Druck auf die Oberfläche geblasen. Dadurch entsteht ein Materialabtrag, der eine feinere Oberfläche erzeugt.

6.1.2. Gleitschleifen

Im Anschluss daran können die Bauteile mit Schleifkörpern z.B.: aus Kunststoff oder Keramik unter Zugabe eines Compound geglättet werden. Die Bauteile befinden sich mit dem Compound und den Schleifkörpern in Apparaten, die eine Relativbewegung, zum Beispiel durch Vibration oder Rotation des Behälters, von Schleifkörpern zu Bauteil erzeugen. Dabei wird die Oberfläche gleichmäßig bearbeitet und es kann so lange geglättet werden, bis der gewünschte Ra-Wert erreicht wird. vgl. (4), (8)
Zusätzlich besteht die Möglichkeit mit weiteren Verfahren wie elektrochemischen oder händischem Polieren, Plasmapolieren und Mikro Machinig Prozess noch bessere Rauheitswerte zu erzielen. Laut (9) wurden in Tests die besten Werte mit dem Micro Machinig Prozess erzielt.

6.2. Wärmebehandlung des Bauteils

Durch das Laserschmelzen können prozessbedingt beim Abkühlen aus der Schmelze Eigenspannungen entstehen. Um diese zu reduzieren werden zwei verschiedene Verfahren genutzt.
Einerseits ist es möglich das Bauteil in einem, mit Argon gefluteten Ofen bei hohen Temperaturen zu glühen, wodurch die Eigenspannungen abgebaut werden und sich das Materialverhalten kaum ändert.
Alternativ kann das heißisostatische Pressen (HIP) genutzt werden. Dabei werden die Bauteile bei hohem Druck und Temperatur (im Falle des Radträgers bei 1000 bar und 1050 °C für 4 Stunden) behandelt. Dies geschieht in einer Argon-Atmosphäre. Bei diesem Verfahren wird durch die Rekristallisation eine Veränderung der Bauteileigenschaften erzielt, wodurch sich die Streckgrenze aber auch die Porosität des Radträgers verringert. Gerade im Bereich der Dauerschwingfestigkeit lassen sich damit Verbesserungen erzielen. Die maximal ertragbaren Lastzyklen können somit um mehr als 500% steigen. (vgl. (7), (10))

7. Erzielbare Bauzeiten und Genauigkeiten

Die Bauzeiten und Genauigkeiten sind stark von der Geometrie und der Positionierung der Produkte abhängig. Prozessbedingt ist die Baugeschwindigkeit in der x-y-Ebene größer als in der z-Richtung (als Richtwert gilt hier 10-20 mm/h). Die Genauigkeit wird vom Abstand und der Genauigkeit des Scanners, der Größe der Pulver, und dem Strahldurchmesser des Lasers limitiert. So wird beispielsweise bei einem Strahldurchmesser von 0,4 mm Genauigkeiten von ±0,15 bis 0,2 mm erzielt.

Entscheidend für die Genauigkeit ist auch die Temperaturführung, da bereits bei geringen Störungen nicht gewünschtes Pulver an die Kontur angebacken werden kann, wodurch sich sowohl die Maßhaltigkeit, als auch die Oberflächenqualität verschlechtert. (vgl. (4))

8. Verwendete Materialien

In der Theorie eignen sich alle thermoplastischen Materialien für den Einsatz des SLM-Verfahrens, das heißt alle Materialien, die durch Wärmezufuhr schmelzen und sich bei erneutem Abkühlen wieder verfestigen. Jedoch ist es nicht für alle Materialien sinnvoll, da der Energieaufwand für das SLM- Verfahren sehr hoch und somit für manche Materialien nicht wirtschaftlich ist. Zusätzlich muss das Material als möglichst feines Pulver vorliegen. Somit werden mit diesem Verfahren hauptsächlich Bauteile aus Kunststoffen und metallischen Verbindungen erzeugt. Die erzeugten Bauteile weisen aufgrund der fehlenden Porosität ähnliche Eigenschaften ,wie konventionell gefertigte Bauteile, in Bezug auf die mechanischen Belastbarkeiten und Temperaturbeständigkeit auf. (vgl. (4), (11))

8.1. Kunststoffpulver

Kunststoffe finden in der Technik in den verschiedensten Formen Anwendung. Der geringe Schmelzpunkt macht sie besonders attraktiv für die Herstellung mit dem SLM- Verfahren, denn der benötigte Energieeintrag ist, im Vergleich zu den der Metallen, relativ gering. Weiters wird durch die geringe Wärmeleitfähigkeit ein unbeabsichtigtes Wachsen der Modelle verhindert, welches durch Anschmelzen von benachbarten Partikeln entsteht. Die niedrige Oberflächenspannung im flüssigen Zustand begünstigt eine Benetzung der vorhandenen Schichten, wodurch sich die Wahrscheinlichkeit der Bildung von makroskopischer Kugeln und einer eventuellen Ablösung von der Schmelze verringert.

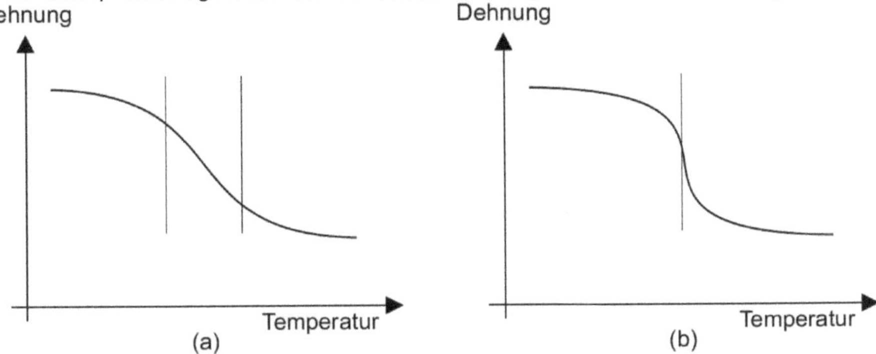

Abbildung 10: Physikalische Eigenschaften von (a) amorphen und (b) kristallinen Kunststoffen (4)   12

Bei den Kunststoffen ist es wichtig, zunächst zwischen amorphen und kristallinen Kunststoffen zu unterscheiden. Diese verhalten sich grundsätzlich verschieden, weshalb bei deren Bearbeitung die unterschiedlichen Eigenschaften genau beachtet werden müssen.

8.1.1. Amorphe Kunststoffe

Als amorph wird ein Werkstoff bezeichnet, wenn die Elementarteilchen nahezu unbeweglich, jedoch ohne definierte Struktur angeordnet sind. Rein physikalisch betrachtet sind solche Stoffe als unterkühlte Schmelze aufzufassen. Zu diesen Materialien zählen Glas, Harz oder auch Pech. Diese zeichnen sich durch ein breites Temperaturband aus, in welchem sie erweichen. Wie in Abbildung 10 (b) ersichtlich, treten hier keine sprunghaften Änderungen der technologischen Eigenschaften auf, wenn sie den Aggregatzustand ändern. Diese Eigenschaft ist entscheidend für die Bearbeitbarkeit und das Verhalten des Werkstoffes während des generativen Prozesses (Schrumpfung, erzielbare Eigenschaften, Festigkeit, etc.)

Die amorphen Kunststoffe bilden bei der Abkühlung Molekülketten aus, die eine dichtere Packung als in der Schmelze annehmen. Dabei tritt, im Gegensatz zu den kristallinen Kunststoffen, nur eine kleine Änderung des spezifischen Volumens auf (0,3-0,8%). Dadurch bleibt die Porosität vergleichsweise hoch, weshalb sie eine geringere Festigkeit aufweisen. Zur Erzeugung einsetzbarer Produkte sind deshalb Materialien wie Polycarbonat (PC) und Polystyrol (PS) nur bedingt geeignet. Umso besser eignen sie sich um z.B.: verlorene Formen zu erzeugen, die beim Gießen ausgeschmolzen werden. (vgl. (4))

8.1.2. Kristalline Kunststoffe

Bei der Erstarrung der kristallinen Kunststoffe kann, anders als bei den amorphen Kunststoffen, bei einer bestimmten Temperatur ein Sprung in den Eigenschaften festgestellt werden (siehe Abbildung 10 (a)). Beim SLM-Verfahren werden jedoch ausschließlich Materialien verwendet, die bei der Aushärtung ein teilkristallines Gefüge bilden. Das bedeutet, dass in weiten Bereichen eine Kristallisation stattfindet, jedoch teilweise auch amorphe Bereiche bestehen bleiben, die ein Kriechen des Werkstoffes erlauben. Daher kann es bei der Abkühlung solcher Werkstoffe (insbesondere bei ungleichen Temperaturfeldern) zu unkontrollierten Kristallisationen kommen und in weiterer Folge zu unterschiedlich starken Schwindungen. Das ist die Ursache für bestimmte Defekte, wie das Aufrollen von Rändern, die beim Fertigungsvorgang auftreten können.

Um dies zu vermeiden, wird der gesamte Bauraum auf wenige Grad unterhalb der Schmelztemperatur erhitzt und damit über Kristallisationstemperatur gehalten. Wenn das gesamte Bauteil gefertigt ist, wird der Bauraum langsam abgekühlt, womit lokale Spannungen vermieden werden können. Die am häufigsten eingesetzten teilkristallinen Kunststoffe sind Polyamide (PA). Um die Eigenschaften der Kunststoffe zu verändern, ist es möglich, verschiedene Werkstoffe zuzusetzen. So erhöht z.B.: die Beigabe von Glaskugeln die Festigkeit und der Einsatz von Aluminium verleiht dem Produkt eine bessere Wärmeleitfähigkeit. (vgl. (4))

8.2. Metallpulver

Das größte Potential liegt beim SLM-Verfahren in der Erschaffung von metallischen Fertigprodukten, was beim selektiven Lasersintern, aufgrund der höheren Porosität, nur bedingt möglich ist. Die SLM gefertigten Teile haben somit nahezu identische technologische Eigenschaften wie gegossene Erzeugnisse, wobei gleichzeitig mehr geometrische Freiheiten möglich sind.

Allgemein gesehen sind fast alle Werkstoffe verarbeitbar, die schweißbar sind und zudem eine gute Fließfähigkeit vorweisen. Somit sind Edelstähle, Stähle und Aluminium-, Kobalt-Chrom- oder Titanlegierungen, sowie Nickelbasislegierungen und auch wenige Edelmetalle gut verwendbar.

Die aufgeschmolzenen Metalle weisen, im Vergleich zu den Kunststoffen, eine höhere Oberflächenspannung und eine niedrigere Viskosität auf. Dadurch kann sich die aufgeschmolzene Phase besser mit dem darunterliegenden Werkstoff verbinden. Durch die höhere Wärmeleitfähigkeit kann es jedoch leichter zu einem unerwünschten Verbinden mit umliegenden Partikeln kommen. Ein zusätzliches Problem entsteht durch die hohen lokalen Prozesstemperaturen, die aufgrund der hohen Schmelzpunkte herrschen. Dies begünstigt lokale Aufhärtung, Spannungen, Verzüge und Risse, weshalb beim SLM-Verfahren mit Stützen gearbeitet werden muss, die der Ableitung der Wärme in die Bauplattform dienen. Durch die hohe Oxidationsneigung der Metalle ist es zudem wichtig mit Schutzgasen (wie Stickstoff oder Argon) zu arbeiten, um eine Oxidierung zu verhindern. (vgl. (4), (12))

Da der SLM-Prozess im weitesten Sinne als Laserschweißprozess gesehen werden kann, ist es möglich viele Erkenntnisse aus diesem Bereich zu übernehmen. Dabei kann es beim Fertigen, durch den Wärmeeinfluss, zu einer Änderung des Gefüges kommen. Dies kann zu einem Problem werden, da die Pulverschichten beim SLM-Verfahren mehrmals erhitzt werden und es so zu einer nachfolgenden Wärmebehandlung kommen kann. Zusätzlich bringt diese schichtweise Verarbeitung des Metalls ein Bauteil hervor, das periodisch aus Schmelzbahnen zusammengesetzt ist. (vgl. (13))

8.2.1. Stähle und Edelstähle

Stahl ist einer der wichtigsten Werkstoffe unserer Zeit, welcher beinahe in jedem Gebiet Anwendung findet. Diese können nach Zusammensetzung, Gefügeausbildung, Herstellungsverfahren, technischen Eigenschaften, Einsatzgebiete etc. eingeteilt werden. Mit über 70000 Standardbezeichnungen und Handelsnamen können bei der Erzeugung der Produkte, anwendungsspezifisch auf viele Anforderungen eingegangen werden. So können viele schweißbare Stähle auch mit dem SLM-Verfahren verarbeitet werden, falls sie als Pulver verfügbar sind.

	Eigenschaften	Symbol [Einheit]	Material		
			316L (1.4404)	15-5PH (1.4545)	Werkzeugstahl 1.2709
physikalische	Dichte	ρ [g/cm³]	7,95	7,8	8
	Schichtdicke (Theoretische Aufbaurate je Laser)	[µm] ([cm³/h])	30 (9,7) o. 50 (15,1)	30 (10,4) o. 50 (15,1)	30 (10,0) o. 50 (15,0) o. 60 (25,0)
	Partikelgröße	d [µm]	10 bis 45	10 bis 45	10 bis 45
	relative Bauteildichte	[%]	$\geq$ 99,6	$\approx$ 99,5	$\approx$ 99,0 - 99,5
mechanische	Zugfestigkeit	R_m [MPa]	633 ± 28	1194 ± 28	1135 ± 29
	Dehngrenze	$R_{P0,2}$ [MPa]	519 ± 25	668 ± 29	987 ± 15
	Bruchdehnung	A [%]	31 ± 6	14 ± 0	11 ± 1
	E-Modul	E [Gpa]	184 ± 20	184 ± 23	113 ± 8
	Härte (Vickers)	[HV10]	209 ± 2	353 ± 2	373 ± 2
	Mittenrauwert	R_a [µm]	10 ± 2	10 ± 2	9 ± 1
Materialcharakteristiken			hoher Chromgehalt	martensitischer, ausscheidungshärtbarer Edelstahl	Maragingstahl mit hohen Nickel- und geringen Molybdängehalten
			gute Korrosionsbeständigkeit	Herausragende Zugfestigkeit	Martensitisch härtbar
			Hohe Festigkeiten auch bei erhöhten Temperaturen	Mittlere Korrosionsbeständigkeit	Hohe Zähigkeit & Zugfestigkeit
			Hohe Duktilität		für Werkzeugbau- und Hochleistungsanwendungen
Anwendungsgebiete			Luft-/Raumfahrt	Medizintechnik	Formen für den Spritzguss
			Automobilbau	(Petro-)Chemische Industrie	Bauteile für den Maschinenbau
			Lebensmittelindustrie	Papier-/Metallverarbeitende Industrie	Automobilbau

Tabelle 1: Stähle für SLM-Verfahren (vgl. (14))

In Tabelle 1 ist ein kleiner Auszug aus den Stählen ersichtlich, die von der Firma SLM für das selektive Laserschmelzen hergestellt werden. Hier ist es wichtig zu beachten, dass die angeführten mechanischen Kennwerte nur gemittelte Kennwerte sind. Diese können je nach Schichtdicke variieren. Für den Stahl 1.2709 ändert sich die Zugfestigkeit von 1190 MPa (Schichtdicke 30 µm) auf 1168 bei 60 µm. Besonders starke Unterschiede können mithilfe einer nachfolgenden Wärmebehandlung erzielt werden. So kann die 1190 MPa (Schichtdicke 30 µm) auf 2038 MPa gesteigert werden. Deshalb werden viele metallische Produkte nach der Herstellung per Laserschmelzen noch nachbehandelt, um so bessere Eigenschaften zu erhalten.

Ein weiterer Punkt ist, dass die Aufbaurate pro Laser rein theoretisch ist und von Faktoren wie Schichtdicke, Scangeschwindigkeit, Spurabstand und Leistung des Lasers abhängig ist, was auch für die relative Bauteildichte gilt.

			Material	
	Eigenschaften	**Symbol [Einheit]**	**Co-Alloy CoCr28Mo6 / 2.4979**	
physikalische	Dichte	ρ [g/cm³]	8,47	8,47
	Schichtdicke (Theoretische Aufbaurate je Laser)	[µm] ([cm³/h])	**30 (9,1)**	**50 (17,4)**
	Partikelgröße	d [µm]	10-45	10-45
	relative Bauteildichte	[%]	$\geq$ 99,5	$\geq$ 99,5
mechanische	Zugfestigkeit	R_m [MPa]	1101 ± 78	1039 ± 91
	Dehngrenze	$R_{P0,2}$ [MPa]	720 ± 20	705 ± 73
	Bruchdehnung	A [%]	10 ± 4	10 ± 4
	E-Modul	E [Gpa]	194 ± 9	191 ± 10
	Härte (Vickers)	[HV10]	375 ± 2	372 ± 7
	Mittenrauwert	R_a [µm]	10 ± 1	10 ± 1
	Gemittelte Rautiefe	R_a [µm]	64 ± 6	65 ± 12
	Materialcharakteristiken		sehr gute Biokompatibilität	
			Hitzebeständig	
			Beständig gegen thermische Ermüdung	
			Oxidationsbeständig	
	Anwendungsgebiete		Medizintechnik	
			Turbinenbauteile	
			Energiesektor	

Tabelle 2: Einfluss der Schichtdicke auf Bauteileigenschaften anhand CO-Legierung (vgl. (14))

8.2.2. Kobalt-Chromlegierungen

Ein großer Vorteil der Kobalt-Chrom Legierungen ist die Biokompatibilität. Damit können zum Beispiel Kronen hergestellt werden, die eine hohe Materialdichte, Belastbarkeit und Elastizität aufweisen. Für diese Implantate werden sogar eigene Werkstoffe (SLM MediDent, etc.) vertrieben, um so die optimalen Ergebnisse für den Patienten zu liefern. Durch die freie Geometrieerzeugung des Rapid Protototyping ist es möglich zum Beispiel Teile von Knieendoprothesen oder Komponenten für Turbinen zu fertigen.

Um den Einfluss der Schichtdicke auf die Bauteileigenschaften zu veranschaulichen, wird in Tabelle 2 die Attribute von Co-Alloy CoCr28Mo6 der Firma SLM-Solutions, links für 30 μm und rechts für 50 μm dargestellt. Vor allen Dingen hängt die Aufbaurate stark von der Schichtdicke ab. Die Zugfestigkeit sinkt bei der Erhöhung der Schichtdicke um beinahe 6%, was in einem Fall von hohen Belastungsspitzen entscheidend für eine Bauteilversagen sein kann. (vgl. (12), (14))

8.2.3. Aluminiumlegierungen

Aluminium ist aufgrund der geringen Dichte von 2,7 g/cm³ (siehe Tabelle 3) gut geeignet, um Leichtbaukonstruktionen zu produzieren. Kombiniert mit der Designfreiheit des SLM-Verfahren können komplexe, auch bionische Bauteile für verschiedenste Anwendungsbereiche erzeugt werden. Durch solch optimierte Designs können deutliche Gewichtseinsparungen, im Vergleich zu konventionell gefertigten Produkten erzielt werden. Gleichzeitig ist Aluminium korrosionsbeständig, ein ausgezeichneter Wärmeleiter und bietet eine hohe dynamische Beanspruchbarkeit. Mit einer, dem Prozess nachgelagerten Wärmebehandlung, können die Bauteileigenschaften an individuelle Bedürfnisse angepasst werden. (vgl. (12), (14))

8.2.4. Titanlegierungen

Ideale Werkstoffe für Leichtbaukonstruktionen und die Medizintechnik sind Legierungen aus Titan. Aufgrund des bionierten Materialverhalten treten auch langfristig keine Allergiereaktionen auf. Mit der Dichte von 4,5 g/cm³ ist es zwar schwerer als Aluminium, bietet aber bessere technologische Eigenschaften. So ist, wie in Tabelle 3 ersichtlich, die Zugfestigkeit von TiAL6V4 mehr als 3-mal so hoch, wie die von AlSi10Mg.

Durch die hohe Festigkeit sind so auch lasttragende Bauteile mit hoher Gewichtsreduktion, im Vergleich zu anderen Werkstoffen wie Stahl, möglich. Dadurch ist Titan besonders für die Luft-/und Raumfahrt interessant, da gerade in diesem Bereich das Verhältnis von Gewicht zu Belastbarkeit eine große Rolle spielt.

Eine beachtenswerte Beobachtung konnte bei der laseradditiven Fertigung von Titan gemacht werden. Hier konnte die Zugfestigkeit bei TiAl6V4, der meistverwendeten Titanlegierung, von 900–1100 MPa (für gegossene Bauteile) auf 1100-1300 MPa gesteigert werden.

(vgl. (12), (14))

8.2.5. Nickelbasislegierungen

Nickelbasislegierungen verfügen über ausgezeichnete Korrosions- und Hochtemperaturbeständigkeit. Durch Zugabe von verschiedenen Elementen können spezielle physikalische Eigenschaften, wie beispielsweise elektrischer Widerstand, kontrollierte thermische Ausdehnung, besondere magnetische Eigenschaften, etc., erreicht werden.

Vor allem die Nickelbasis-Superlegierungen sind für die Erforschung neuer Materialien interessant, da sie, aufgrund ihrer Kriech- und Ermüdungsfestigkeiten bei hohen Temperaturen, speziell bei Hochtemperaturanwendungen zum Einsatz kommen. Ein weiterer Vorteil ist die hohe Korrosionsbeständigkeit in diesem Bereich. Jedoch ist es zurzeit noch nicht so einfach möglich diese Legierungen per SLM zu fertigen, da extrem hohe Vorwärmtemperaturen des Bauraums erforderlich sind. (vgl. (12), (15))

	Eigenschaften	Symbol [Einheit]	AlSi10Mg / EN AC 43000	Ti-Alloy TiAl6V4 ELI (Grade 23)	HX
Physikali-sche	Dichte	ρ [g/cm³]	2,7	4,43	8,46
	Schichtdicke (Theoretische Aufbaurate je Laser)	[µm] ([cm³/h])	30 (24,6) o. 60 (35,6)	30 (18,14) o. 60 (28,61) o. 90 (53,46)	30 (9,1) o. 50 (15,1)
	Partikelgröße	d [µm]	20-63	20-63	10-45
	relative Bauteildichte	[%]	≥ 99,0	>99,5	>99,0
Mechani-sche	Zugfestigkeit	R_m [MPa]	386 ± 42	1301 ± 18	772 ± 24
	Dehngrenze	$R_{P0,2}$ [MPa]	268 ± 8	1158 ± 16	595 ± 28
	Bruchdehnung	A [%]	6 ± 1	3 ± 1	20 ± 6
	E-Modul	E [Gpa]	61 ± 9	113 ± 9	162 ± 11
	Härte (Vickers)	[HV10]	122 ± 2	380 ± 8	248 ± 4
	Mittenrauwert	R_a [µm]	8 ± 1	14 ± 1	9 ± 1
	Materialcharakteristiken		Sehr gute Korrosionsbeständigkeit	gute Korrosionsbeständigkeit	hohe Festigkeit
			Gute elektrische Leitfähigkeit	hohe Spezifische Festigkeit	gute Duktilität
			Hohe dynamische Beanspruchbarkeit	Gute Schwingfestigkeit	Oxidationsbeständig bei hohen Temp.
			Sehr gute thermische Leitfähigkeit	Hohe Zähigkeit	Kriechbeständigkeit bis zu 850°C
	Anwendungsgebiete		Automobilbau	Automobilbau	Energiesektor
			Maschinenbau	Medizintechnik	chemische Industrie
			Wärmetauscher	Luft-/Raumfahrt	Turbinenbauteile

Tabelle 3:Metallpulver von SLM-Solutions (vgl. (14)

8.2.6. Weitere Metalle

Des Weiteren finden auch andere Metalle, wie Kupferbasislegierungen und Magnesiumlegierungen in der additiven Fertigung mit Laserschmelzen Anwendung. Auch spezielle Form-Gedächtnislegierungen aus Nickel-Titan können schon realisiert werden. Jedoch wird auf diese nicht näher eingegangen, da dieses Kapitel nur einen Überblick über die wichtigsten Materialien und deren Anwendung geben soll. Zudem werden ständig neue Materialien erforscht, da die Herstellung neuer Produkte innovative Werkstoffe erfordert. (vgl. (12))

9. Vorteile des selektiven Laserschmelzens

Das selektive Laserschmelzen kann grundsätzlich auf alle Materialien mit thermoplastischem Verhalten angewendet werden. Dadurch entsteht eine größere Materialpalette gegenüber anderen Verfahren der additiven Fertigung.

Durch den Einsatz metallischer Werkstoffe können zudem direkt Werkzeug, Werkzeugeinsätze und auch Endprodukte gefertigt werden, deren Eigenschaften den gegossener Fabrikate nahezu ident, in Ausnahmenfällen sogar überlegen, sind. Dadurch sind sie thermisch und mechanisch voll belastbar.

Nicht verbrauchtes Pulver kann teilweise zurückgewonnen und durch Zumischung von neuem Pulver erneut verwendet werden. Wie viel gebrauchtes Pulver wiederverwertet werden kann, hängt von dem verwendeten Material ab.

Kunststoffprodukte sind aufgrund des Verzichtes von Stützstrukturen nach entfernen des Pulvers und einem nachfolgenden Sandstrahlen direkt einsatzbereit, falls keine spanende Nachbearbeitung von Nöten ist. (vgl. (4))

10. Nachteile des selektiven Laserschmelzens

Bei metallischen Bauteilen ist oft ein zeit- und kostenintensives Post-Processing notwendig. Diese Kosten können oft einen hohen Anteil der Gesamtkosten betragen. Die hohen Anforderungen an Oberflächengüte macht es oft schwierig an innenliegende Konturen heranzukommen, wodurch aufwendige Verfahren notwendig sind. Darüber hinaus müssen oft Wärmebehandlungen durchgeführt werden. Je nach Bauteil ist eine spanende Nachbearbeitung erforderlich, welche aufgrund der Stützstrukturen sehr oft von Nöten ist.

Die erzielbare Modellgenauigkeit ist von vielen Faktoren, wie der Größe der Partikel, Strahldurchmesser des Lasers und der Genauigkeit des Scanners abhängig. Die erzielbare Baugeschwindigkeit ist sehr stark von Absortionsverhalten und Wärmeleitfähigkeit, also von dem verwendeten Material abhängig.

Bauteile neigen oft zum Wachsen, da nicht zum Bauteil gehörige Teilchen durch Wärmeleitung thermisch aktiviert werden und an die Kontur ankleben. Dadurch entsteht ein Pelz um das Produkt und dieses wird somit geometrisch ungenau.

Interne Hohlräume sind schwierig zu reinigen, da in diesen ein Verbleib von losen und leicht angeklebten Partikel nicht vermieden werden kann. Diese Partikel vermindern die Genauigkeit und können sich beim späteren Gebrauch unvorhergesehen lösen.

Zur Vermeidung von Oxidation ist es bei der Erzeugung metallischer Produkte notwendig unter Inertgas-Atmosphäre zu arbeiten. Dadurch erhöht sich die Anlagenkomplexität und die Betriebskosten.

Die Aufheiz- und Abkühlvorgänge dauern relativ lange, da das gesamte Pulverbett auf wenige Grad Celsius unter Schmelztemperatur vorgeheizt werden muss. Zudem muss die Temperaturregelung sehr genau erfolgen, da eine geringe Abweichung bereits zu Verzügen führen kann. Die Bauzeit und der Bedarf an genauer Sensorik erhöhen sich, wodurch auch die Anlagenkosten steigen.

Zurzeit sind sowohl die Anlagen als auch die benötigten Pulver noch relativ teuer. Dadurch und aufgrund der langen Bauzeiten ist das selektive Laserschmelzen nur für geringe Losgrößen wirtschaftlich durchführbar.

11. Conclusio

Das selektive Laserschmelzen bietet ein enormes Potential, um anwendungsspezifische Verbesserungen an Bauteilen vorzunehmen, die mit konventionellen Herstellungsverfahren nicht möglich wären. Da die Technologie noch relativ jung ist, sind große Fortschritte im Laufe der nächsten Jahre zu erwarten. Vor allem besteht ein Bestreben, das Portfolio an bearbeitbaren Materialien zu erweitern. Jedoch wird das Verfahren gerade bei großen Stückzahlen noch nicht mit den konventionellen Verfahren wirtschaftlich mithalten können. Aber auch hier wird mithilfe neuer Anlagen, wie in Kapitel 4.4 beschrieben, Raum für größere und automatisierte Produktionsserien geliefert. Dadurch werden die nachfolgenden Prozesse leichter durchführbar. Wird das Post-Processing optimiert, wird so auch indirekt die Wirtschaftlichkeit des SLM gesteigert.

Literaturverzeichnis

1. **Evans, John.** DMLS a little History. *Design and Motion.* [Online] 10. November 2014. [Zitat vom: 26. März 2019.] https://designandmotion.net/design-2/manufacturing-design/dmls-a-little-history/.

2. **Wikipedia.** SLM Solutions Group. *Wikipedia.* [Online] [Zitat vom: 26. März 2019.] https://de.wikipedia.org/wiki/SLM_Solutions_Group.

3. —. Wikpedia. *Selektives Laserschmelzen.* [Online] [Zitat vom: 26. März 2019.] https://de.wikipedia.org/wiki/Selektives_Laserschmelzen.

4. **Andreas, Gebhardt.** *Generative Fertigungsverfahren- Additive Manufacturing und 3D Drucken für Prototyping - Tooling - Produktion.* München : Carl Hanser Verlag, 2013. ISBN: 978-3-446-43651-0.

5. **Irsa Wolfram, Karin Besendorfer.** 3-D-Druck: Additive Fertigung mit mittlerer Oberflächengüte. [Buchverf.] Sorko Irsa. *Interaktive Lehre des Ingenieursstudiums: Technische Inhalte handlungsorientiert unterrichten.* Österreich : Springer, 2019.

6. **SLM-Solutions.** SLM 800. *SLM-Solutions.* [Online] 2018. [Zitat vom: 1. April 2019.] https://www.slm-solutions.com/de/produkte/maschinen/slmr800/.

7. **Grienitz, Meiners, Tröster.** *Selektives Laserschmelzen für Leichtbau mit Designfreiheit.* Paderborn : Springer, 2016. ISSN: 1865-4819.

8. **Müller, Daniel.** Oberflächenbearbeitung für additiv gefertigte Teile. https://www.additively.com/de/video/oberflaechenbearbeitung-fuer-additiv-gefertigte-teile-roesler-schweiz-ag : Additively, 15. März 2018.

9. **Fraunhofer-Institut für Lasertechnik ILT.** *Nachbearbeitung von SLM-gefertigten Bauteilen.* München : s.n., 2015. Reg.-Nr.: DE-69572-01.

10. **Rosswag Engineering.** Rosswag Engineering. *Wärmebehandlungsprozesse.* [Online] [Zitat vom: 3. April 2019.] https://www.rosswag-engineering.de/waermebehandlung.

11. **Ilg, Julian.** *Systematische Eignungsanalyse zum Einsatz additiver Fertigungsverfahren.* Deutschland : Springer, 2019. ISBN 978-3-658-24630-3.

12. **Wessarges, Gieseke, Hagemann, Kaierle & Overmeyer.** *Entwicklungstrends zum Einsatz des selektiven Laserstrahlschmelzens in Industrie und Biomedizintechnik.* Hannover : Springer, 2017. ISBN: 978-3-662-54112-8.

13. **Jan, Sandner.** *Selektives Laserschmelzen hochfester Werkzeugstähle.* [Dissertation] Dresden : s.n., 2018.

14. **SLM Solutions.** Verschiedene Datenblätter von SLM Solutions Metallpulver. [Online] 2018. [Zitat vom: 28. März 2019.] https://www.slm-solutions.com/de/produkte/zubehoer-verbrauchsmaterialien/slmr-metallpulver/.

15. **Fraunhofer-Institut für Lasertechnik ILT.** *SLM von Nickelbasislegierungen für den Turbomaschinenbau.* Deutschland : s.n., 2018.

16. **Richard, Schramm, Zipsner.** *Additive Fertigung von Bauteilen und Strukturen.* Wiesbaden : Springer, 2017. ISBN 978-3-658-17779-9.

Abbildungsverzeichnis

Tabellenverzeichnis